物理实验报告手册

主 编 江 影 乔宪武 邱淑霞

中国水利水电出版社
www.waterpub.com.cn
·北京·

内 容 提 要

本书是与《物理实验》（江影等主编，电子工业出版社）配套的实验报告手册。全书共 29 个实验项目，分别从物理实验基本知识、物理实验基本训练、物理实验基本技术、近代综合实验、设计性实验等几个方面出发，对每个实验都安排了"预习题""数据记录""数据处理""思考题"等内容，旨在通过这些细节，引导学生带着思考进入课堂，认真观察、研究实验，学会处理实验数据和分析解决问题。

本书可作为理工科物理类及非物理类各专业物理实验课程参考书，也可供其他专业的相关读者阅读。

图书在版编目（CIP）数据

物理实验报告手册 / 江影，乔宪武，邱淑霞主编.
北京：中国水利水电出版社，2024. 8.(2025.1重印).-- ISBN 978-7
-5226-2714-4
Ⅰ. 04-33
中国国家版本馆CIP数据核字第2024FV2331号

书　　名	**物理实验报告手册** WULI SHIYAN BAOGAO SHOUCE	
作　　者	主编 江 影　乔宪武　邱淑霞	
出版发行	中国水利水电出版社 （北京市海淀区玉渊潭南路1号D座　100038） 网址：www.waterpub.com.cn E-mail：sales@mwr.gov.cn 电话：（010）68545888（营销中心）	
经　　售	北京科水图书销售有限公司 电话：（010）68545874、63202643 全国各地新华书店和相关出版物销售网点	
排　　版	中国水利水电出版社微机排版中心	
印　　刷	清淞永业（天津）印刷有限公司	
规　　格	370mm×260mm　横8开　12印张　290千字	
版　　次	2024年8月第1版　2025年1月第2次印刷	
印　　数	1601—4600 册	
定　　价	**39.00元**	

凡购买我社图书，如有缺页、倒页、脱页的，本社营销中心负责调换

前　言

党的二十大报告中强调，要坚持教育优先发展，加快建设教育强国、科技强国、人才强国，坚持为党育人、为国育才。物理实验的教学宗旨是培养学生具备科学素养和实践能力，为国家的科技进步和经济发展做出贡献。在课程内容设计上，我们注重创新、实用、多元化，旨在培养学生分析问题、解决问题、总结提升的专业能力；同时注重提升学生的团队意识、创新精神和社会责任感，以培养德智体美劳全面发展的社会主义合格建设者和可靠接班人。

本书是与《物理实验》（江影等主编，电子工业出版社）配套的实验报告手册，旨在为理工科本科生提供一份全面、实用的物理实验课程学习指导。我们希望通过本书，帮助学生在大学阶段的第一门实践类课程中养成良好的学习习惯，端正学习态度，激发探究兴趣，引导学生深入理解物理实验的基本原理和方法，提高学生的实验技能和创新能力，从而为日后的学习和实践奠定坚实的基础。

本书以"引导者"的身份，将学生带入规范化的实践研究中。我们希望通过本书帮助学生掌握物理实验的基本方法和技巧，培养其独立思考和解决问题的能力，激发其对科学探究的热情，最终达成一门实验课程的终极教学目标，而不仅仅是局限于物理实验教学。

本书针对《物理实验》中的部分实验项目（不含第一章），列有"预习题""数据记录""数据处理""思考题"等，不仅可以引导学生在实验前进行充分的预习，还可供学生在实验后进行讨论和巩固提高，同时要求学生做出完整的原始数据记录，课后认真处理数据，计算测量结果及其不确定度，绘制实验曲线，并能够完整规范地写出实验报告。

本书是中国计量大学理学院实验中心各位教师多年努力的结晶，其中江影教授不仅负责编写工作，还与邱淑霞、乔宪武、高敏、李风鸣、张海岛、张晓飞、丛超楠、黄西荷、周红、平广兴、庞宁等多位教师共同参与实验报告手册的内容设计、审核，以及在实验教学中的实际应用和反馈修改。

最后，我们希望本书能够成为您学习物理实验课程的好帮手，帮助您在学习过程中取得优异的成绩。如果您在使用本书过程中有任何疑问或建议，欢迎随时与我们联系。我们期待您的反馈，以便我们不断改进和完善本书，更好地服务于广大学生和教师。

编者

2024 年 8 月

目　录

（1）通过实验得到钢丝伸长量记录（表1）。

表1 **某位同学测量钢丝伸长量的数据**

测量次数	s_0	s_1	s_2	s_3	s_4	s_5	s_6	s_7
加重（cm）	7.00	6.51	6.10	5.72	5.40	5.00	4.70	4.31
减重（cm）	7.00	6.51	6.10	5.71	5.35	5.00	4.62	4.30
$\overline{s_i}$								

每块砝码的质量为（360 ± 1）g，请用逐差法求 $\dfrac{F}{\Delta s}$ 的值。

（2）某位同学用逐差法求出 $\overline{\Delta s} = \dfrac{1}{4}\left[\left(\overline{s_4}-\overline{s_0}\right)+\left(\overline{s_5}-\overline{s_1}\right)+\left(\overline{s_6}-\overline{s_2}\right)+\left(\overline{s_7}-\overline{s_3}\right)\right]=(1.52 \pm 0.07)$

$\times 10^{-2}$m，每块砝码的质量为（360 ± 1）g。他计算 $\dfrac{F}{\Delta s}$ 的公式为 $\dfrac{360 \times 10^{-3} \times 9.8}{1.52 \times 10^{-2}}$，请问是否正确？说明理由。

（3）光杠杆有什么优点？怎样提高光杠杆测量微小长度变化的灵敏度？

（4）根据 E 的相对误差公式，分析进一步提高杨氏模量测量精度的途径是什么？

2.2 杨氏弹性模量的测量

预习题

（1）ΔL 的数值很小，我们所做的实验一般采用什么方法来测量？

（2）本实验测量杨氏弹性模量的方法是什么？

（3）用望远镜读数时，叉丝与刻度像之间不应相对移动。如果发现有视差，应如何操作？

（4）用望远镜读数时，发现分划板上的十字叉丝很模糊，应如何操作？

（5）如何增大光杠杆的放大倍数以及提高光杠杆测量微小长度变化量的灵敏度？

（6）试推导出光杠杆测量微小长度变化的公式。

（7）请画出光杠杆光路图并说明光杠杆的结构和工作原理。

（8）根据实验所测得的数据，能否计算出所用光杠杆的放大倍数，请写出公式。

（9）测量钢丝的杨氏弹性模量实验中计算 ΔL 所需要测量的物理量。

（10）对于杨氏弹性模量实验测量的数据我们采用逐差法处理，使用逐差法的条件是什么？

砝码		F（N）							
		s_0	s_1	s_2	s_3	s_4	s_5	s_6	s_7
望远镜中读数（10^{-2}m）	加重								
	减重								
	$\overline{s_i}$								

千分尺仪器误差 Δd_n=0.004mm。

千分尺零点读数 d_0=_____mm。

测量次数		1	2	3	4	平均值
钢丝直径（10^{-3}m）	未加砝码					$\overline{d}=$
	加砝码					
标准差						

$L=$（_____ ± _____）m

$D=$（_____ ± _____）m

$R=$（_____ ± _____）m

教师签字_____

思考题

（1）用平均速度代替瞬时速度的依据是什么？必须保证哪些实验条件？

（2）如果没有天平，是否能用气垫导轨与存储式数字毫秒计来测出物体质量？简述其步骤。

（3）如果滑块在运动中受到一定的阻力作用，那么实验测得的加速度是否为滑块真实的加速度（在误差范围内）？此时公式 $a = g\sin\theta = g\dfrac{h}{L}$ 是否成立？为什么？

（4）当分别改变本实验的某一条件（如滑块以不同的初速度下滑，滑块上附加重物，改变导轨的倾斜度）时，对滑块的加速度是否有影响？分析加速度的大小与哪些因素有关。

2.3 气垫导轨上的物理实验

预习题

（1）气垫导轨上的滑块能做近似无阻力的直线运动，极大地减小了由于摩擦力引起的误差，使实验结果接近理论值。气垫导轨采用了怎样的设计达到这样的效果？

（2）由牛顿第二定律，写出倾斜的气垫导轨上物体自由下滑加速度的表示式。已知两光电门间距为 L，垫块高 h。

（3）气孔不喷气时，不准将滑行器（滑块）在导轨上来回滑动，为什么？

数据记录

表 1　　　　　　　　　　调整气垫导轨水平

v_1	v_2	$\Delta v = \dfrac{\left|v_1 - v_2\right|}{v_1(或 v_2)} \times 100\%$

表 2　　　　　速度与滑块初始位置的关系　　　　垫片厚度：（　）cm

速度 （　） 滑块 位置（　）	v（其中一个光电门测量速度）					平均速度 $\bar{v}$ （　）
	1	2	3	4	5	

表 3　　　　　　加速度与气垫导轨倾角的关系

加速度（　） 垫片厚度（　）	a					平均加速度 $\bar{a}$ （　）
	1	2	3	4	5	

数据处理

教师签字＿＿＿＿＿＿＿

（1）如何测量扭摆弹簧的扭转常数 K？

（2）如何验证平行轴定理？

（3）测量物体转动惯量还有什么其他方法？

（4）如何用本装置测量任意形状物体的转动惯量？

2.4.1　扭摆法验证转动惯量的平行轴定理

（1）用扭摆法测定物体转动惯量的原理和方法。

（2）怎样测量转动周期？

（3）什么是测量周期的累积放大法？

（4）为保持扭转常数 K 基本相同，应该采取多大的摆角？

表1　　　　　　　　　　　　　　测量转动惯量

物体名称	质量（kg）	几何尺寸（10^{-2}m）	周期(s)		转动惯量理论值（10^{-4}kg·m²）	转动惯量实验值（10^{-4}kg·m²）
金属载物盘			T_0			$I_0 = \dfrac{I_1' T_0^2}{T_1^2 - T_0^2}$ =
			$\bar{T}_0$			
塑料圆柱		D	T_1		$I_1' = \dfrac{1}{8} mD^2$ =	$I_1 = \dfrac{KT_1^2}{4\pi^2} - I_0$ =
		$\bar{D}$	$\bar{T}_1$			
金属圆筒		$D_{外}$	T_2		$I_2' = \dfrac{1}{8} m(D_{外}^2 + D_{内}^2)$ =	$I_2 = \dfrac{KT_2^2}{4\pi^2} - I_0$ =
		$\bar{D}_{外}$				
		$D_{内}$	$\bar{T}_2$			
		$\bar{D}_{内}$				
支架			T_3			$I_3 = \dfrac{KT_3^2}{4\pi^2} - I_0$ =
			$\bar{T}_3$			
金属细杆		$\bar{L}$	T_4		$I_4' = \dfrac{1}{12} mL^2$ =	$I_4 = \dfrac{KT_4^2}{4\pi^2} - I_3$ =
			$\bar{T}_4$			

$$K = 4\pi^2 \frac{I_1'}{T_1^2 - T_0^2} = \underline{\hspace{3cm}} (\underline{\hspace{2cm}})$$

表2　　　　　　　　　　　　　验证平行轴定理

滑块位置 x（10^{-2}m）	5.00	10.00	15.00	20.00	25.00
振动周期 T（s）					
$\bar{T}$（s）					
实验值（10^{-4}kg·m²）$I = \dfrac{KT^2}{4\pi^2} - I_3$					
理论值（10^{-4}kg·m²）$I' = I_4' + mx^2$					
相对不确定度					

教师签字 _____

（1）要求温度 θ_1 和 θ_2 稳定时，θ_1 和 θ_2 的变化范围是什么？

（2）"待测样品上表面传入的热量与散热盘向周围环境散热的速率相等"是确定导热系数的关键，那么散热盘向周围环境的散热速率公式是什么？

（3）"材料导热系数的测量"可以采用哪两种方法测量导热系数？

2.5 不良导体导热系数的测定

预习题

（1）在测量散热铜板的散热速率时，为什么要将样品覆盖在上面？

（2）实验中，样品与上下铜板的接触良好十分重要，如果接触差，结果会怎么样？

（3）"材料导热系数的测量"实验中采用什么方法测量导热系数？

（4）本实验测量不良导体导热系数的原理是什么？

（5）是否可以在实验中将热电偶的一端放在空气中代替冰水混合物？为什么？

（6）导热系数的测量原理公式是什么？

已知散热盘的比热容 $c = 0.385 \text{kJ}/(\text{kg} \cdot \text{K})$。

表1 测量样品厚度 h_B（单位：　　）

N（次数）	1	2	3	4	5	6	平均值	标准差
h_B								

表2 测量样品直径 D_B、半径 R_B（单位：　　）

N（次数）	1	2	3	4	5	6	平均值	标准差
D_B								
R_B								

表3 测量加热至稳态过程数据（单位：　　）

t（min）	0	2	4	6	8	10	12	14	16	18	20	22
θ_1												
θ_2												

表4 测量冷却过程数据（单位：　　）

t（s）	0	30	60	90	120	150	180	210	240	270
θ_2										

t（s）	300	330
θ_2		

采用数值区间法求得 $\left.\dfrac{\Delta\theta}{\Delta t}\right|_{\theta=\theta_2} = \underline{\hspace{2cm}}$ mV/s

$\lambda = \underline{\hspace{2cm}}$ W/（m·K）

教师签字_____

（1）QJ23 惠斯通电桥比率臂的倍率值选取的原则是什么？对结果会有什么影响？

（2）为什么惠斯通电桥上按钮开关 B、G 开始使用时不能同时按下？应如何操作？

（3）用惠斯通电桥测电阻时，线路接通后，检流计总是往一边偏，电桥达不到平衡，试分析原因。

2.6.1　热敏电阻与热电阻温度特性的研究

预习题

（1）热敏电阻与热电阻温度特性有何不同？

（2）如何求得 NTC 热敏电阻的常数 R_0 与 B？

（3）热敏电阻的种类及特性是什么？

（4）了解惠斯通电桥 QJ23 的工作原理及操作步骤。

室温 t：_____℃，R_t 室温：_____℃

表 1　　　　　　　　　　　测量热电阻

序号	1	2	3	4	5	6	7	8	9	10
t（℃）										
R_t（Ω）										

室温 t：_____℃，R_t 室温：_____℃

表 2　　　　　　　　　　　测量热敏电阻

序号	1	2	3	4	5	6	7	8	9	10
t（℃）										
R_t（Ω）										
$\frac{1}{T}$（1/K）										
$\ln R_T$										

教师签字_____

（1）开尔文直流双臂电桥与惠斯通直流单臂电桥有哪些异同？

（2）直流双臂电桥的基本原理是什么？它是如何消除附加电阻的影响？

（3）被测低电阻为何具有四个端连接？如果电位端与电流端连接错误会有什么现象？

2.6.2　直流双臂电桥测低值电阻

（1）直流双臂电桥平衡成立的条件是什么？

（2）待测电阻 R_x 和比较用的标准低电阻 R_N 均采用什么连接方法？为什么？

（3）双臂电桥测量直流电阻时，应先按"B"按钮，再按"G"按钮，还是先按"G"按钮，再按"B"按钮，断开时，应如何操作？

（4）实验使用的是什么型号的双臂电桥？比率臂的选择对测量结果有什么影响？

（5）写出电阻率的计算公式。

（1）待测电阻的测量（标出比率臂、步进盘、滑线盘读数）。

$R_{待测1}=$

$R_{待测2}=$

$R_{待测3}=$

（2）金属棒测量。

表1 测量金属棒直径

序号	1	2	3	4	5	6	平均值
d_i（cm）							

表2 变化金属棒测量阻值

序号	1	2	3	4	5	6	7	8	9	10
L（cm）										
R_i（Ω）										

教师签字_____

思考题

（1）白炽灯泡电阻动态电阻与静态电阻相等吗？请解释。

（2）用自测实验数据描述发光二极管伏安特性。

（3）描述稳压二极管电阻伏安特性。

（4）简述雪崩二极管、开关二极管、肖特基二极管的伏安特性及应用。

2.7 非线性元件的伏安特性实验

预习题

（1）举例说明何为线性元件与非线性元件？

（2）测量非线性元件伏安特性的方法有哪些？

（3）二极管的单向导电特性是什么？

（4）稳压二极管的工作特性是什么？

（5）用什么方法研究发光二极管正向伏安特性？

（6）如何估算发光波长？

📋 **数据记录**

（1）基础内容。

表1   白炽灯泡电阻测量数据   额定电压：3.8V

序号	电压（V）	电流（mA）	静态电阻（Ω）	数据拟合的斜率（m）
1	0.38			
2	1.90			
3	3.80			

（2）提升内容。

表2   发光二极管数据

序号	颜色及波长范围（nm）	阈值电压 U_D（V）	波长 λ（nm）
1	红（600～800）		
2	绿（500～580）		
3	蓝（435～490）		

👥 **数据处理**

思考题

（1）绳线中传播的波形是否趋于平稳？

（2）两波节点间的距离意味着什么？

（3）如何来确定弦线上的波节点位置？

2.8　绳上的驻波

预习题

（1）实验中波速是否依赖于波长和频率？

（2）实验中波速是否依赖于细绳的长度？

数据记录

表1   测量线密度数据

长度（ ）	线密度（ ）

表2   研究质量和频率之间的关系

质量 m（kg）	线	
	频率 f（Hz）	频率 f^2（Hz²）

数据处理

教师签字_____

在本实验中，要计算电子的比荷（荷质比）必须先计算套在理想真空二极管外的励磁线圈产生的磁场。若测得了线圈的内半径 r_1、外半径 r_2、半长度 l 和安匝数 NI，可以证明在线圈中心处的磁感强度为

$$B_0 = \frac{\mu_0 NI}{2(r_2 - r_1)} \ln \frac{r_2 + \sqrt{r_2^2 + l^2}}{r_1 + \sqrt{r_1^2 + l^2}}$$

试根据本实验给出和有关内半径 r_1、外半径 r_2、半长度 l 和安匝数 NI 参数，计算线圈中心的磁感强度 B_0。

2.9 理想真空二极管实验

（1）如何发现和消除磁场对测量电子荷质比的影响？

（2）用什么方法使电子束聚焦？电子束聚焦有什么应用？

表1　　　　　　　　　　　　在不同阳极电压下的 I_A-I_S 关系

阳极电压 U_A=5.00V	励磁电流 I_S（A）	0	0.1	0.15	0.2	…				
	阳极电流 I_A（μA）									
阳极电压 U_A=4.00V	励磁电流 I_S（A）									
	阳极电流 I_A（μA）									
阳极电压 U_A=3.00V	励磁电流 I_S（A）									
	阳极电流 I_A（μA）									
阳极电压 U_A=2.00V	励磁电流 I_S（A）									
	阳极电流 I_A（μA）									

表2　　　　　　　　　　　由图解法求 U_A、I_C 和 I_C^2

U_A（V）	2.00	3.00	4.00	5.00
I_C（A）				
I_C^2（A²）				

根据记录的数据表格作 I_A-I_S 曲线图和 U_A-I_C^2 关系图。

在 U_A-I_C^2 关系图中得到斜率 K 为＿＿＿＿＿＿＿＿＿＿。

根据公式（8），计算荷质比 e/m＝＿＿＿＿＿＿＿＿＿＿。

其中：μ_0=4π×10⁻⁷H/m；N=580 匝；l=20.0mm；r_1=22.0mm；r_2=28.0mm；a=4.5mm。

教师签字＿＿＿＿＿＿＿＿

思考题

（1）示波器观察信号时，若荧光屏上出现图1所示图形，请问哪些旋钮位置不对？应如何调节？

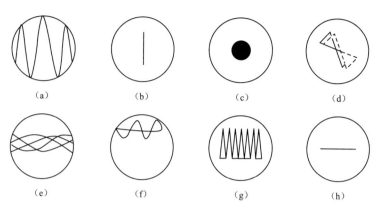

（a） （b） （c） （d）

（e） （f） （g） （h）

图1 实验中出现的现象

（2）李萨如图形为什么一般都在动？主要原因是什么？

（3）示波器能否用来测量直流电压？如果能测，应如何进行？

预习题

（1）什么是李萨如图形？

（2）示波器能测电压信号的哪些参数？

（3）示波器由哪几部分组成？

（4）示波器的主要功能是什么？

（5）同步触发的作用是什么？波形如何稳定？

（1）基础内容。测量信号的电压和周期。

表1　　　　　用示波器测量交流信号电压数据表格（被测信号峰 – 峰值：5.00V）

次数	1	2	3
垂直挡位（V/div）	1.00	2.00	5.00
读格数法的图形格数 D（div）			
读格数法的峰 – 峰值计算值 U_{p-p}（V）			
光标法的峰 – 峰值读数 U_{p-p}（V）			
自动测量法的峰 – 峰值读数 U_{p-p}（V）			

表2　　　　用示波器测量交流信号周期数据表格（被测信号周期值：100.00μs）

次数	1	2	3
水平时基 t（div/μs）	10.0	20.0	50.0
读格数法的周期数 n	1	1	1
读格数法的图形格数 D（div）			
读格数法的周期计算值 T（μs）			
光标法的周期读数值 T（μs）			
自动测量法的周期读数值 T（μs）			

将表1、表2测量数据与信号发生器的标称值比较，计算电压峰 – 峰值和周期的测量误差，并分析之。

（2）提升内容。

表3　　　　　　　　　相位测量的数据表格

次数	1	2	3	4	5
函数发生器输出信号的相位 θ	0°	45°	90°	135°	180°
周期时间 T（μs）	100	100	100	100	100
延迟时间 t（μs）					
双踪法的相位计算值 θ					
李萨如图形中 x_0 的读数值（div）					
李萨如图形中 b 的读数值（div）					
李萨如图中长轴在等几象限					
李萨如图形法相位计算值 θ					

表4　　　　　李萨如图形法测量未知信号频率数据表（被测信号周期值：10kHz）

函数发生器CH1信号频率（f_x）	10kHz	20kHz	30kHz	5kHz
$n_x : n_y$				
$f_y = \dfrac{n_x}{n_y} f_x$				

教师签字＿＿＿＿＿＿

思考题

（1）如何调节使望远镜聚焦于无穷远处，望远镜光轴与中心转轴相垂直，平行光管射出平行光？它们在视场中应如何来判断？

（2）按图1（《物理实验》教材中的图2-64）放置三棱镜有何方便之处？

（3）在实验中如何确定最小偏向角的位置？

（4）若刻度盘中心 O 与游标盘的中心 O' 不重合，如图2所示，则游标转过 ϕ 角时，从刻度盘上读出的角度 $\phi_1 \neq \phi_2 \neq \phi$，但 ϕ 总等于 ϕ_1 和 ϕ_2 的平均值，即

$$\phi = \frac{1}{2}(\phi_1 + \phi_2)$$

试证明之。

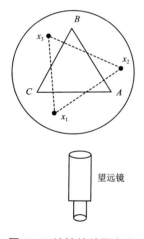

图1　三棱镜的放置方法

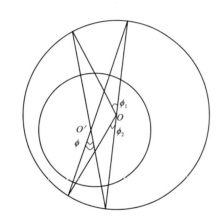

图2　偏心差的产生

2.11　分光计的调整和使用

预习题

（1）分光计是一种什么光学仪器？

（2）分光计一般由哪几个部分组成？

（3）分光计有几个角游标？该仪器为什么要这样设计？

（4）望远镜由位置 I 转到位置 II，测得 $\theta_右 = 355°45'$，$\theta'_左 = 155°43'$，望远镜转过的角度是多少？

（5）望远镜位置怎样读数？

（6）分光计望远镜调焦时，如果目镜叉丝模糊，应怎样调节仪器？

（7）分光镜的载物台下有呈正三角形的三个调平螺丝，平面镜放置一般有哪两种方法？三棱镜一般怎样放置？

（8）在调节分光计时，如何进行目测粗调？

（9）将平面镜放在载物台上，望远镜和载物台调节好的标志是什么？

（10）怎样清洁分光计的光学面？怎样测三棱镜顶角？

（11）如果从望远镜中看到的狭缝像较模糊，应怎样调节平行光管？

（12）分光计调整的要求是什么？

（13）简述分光计调整的步骤。

表1 测量三棱镜顶角

测量次数	$\theta_左$	$\theta_右$	$\theta'_左$	$\theta'_右$
1				
2				
3				
4				
5				
6				

教师签字_____

（1）经过热机 $A \rightarrow B \rightarrow C \rightarrow D$ 循环做功过程后，理论上会循环到 A 点，但实验的结果并没有回到 A 点，试讨论其原因及改进方法。

（2）热机在循环过程中，如果其效率 $e=1$，并不违反热力学第一定律，但为什么实际做不到？如何提高热机效率？

（3）讨论 $B \rightarrow C$ 过程中温度差异的大小，对整个实验有何影响？

（4）为什么 $P-V$ 图的面积等于热机一次循环过程中将热能转换为机械能的数值？

2.12.1　热机循环

预习题

（1）理想气体方程式是什么？已知 P、V、T，则摩尔系数 n 等于多少？

（2）热力学第一定律的内容是什么？热力学第二定律的内容是什么？

（3）本实验热机循环过程中，哪段是等压过程，哪段是等温过程？

（4）本实验的操作步骤有几个？

（5）铝筒在冷热水桶变换时，操作动作的快慢对实验有什么影响？

数据记录

（1）初始体积 $V_0 =$ _____。

（2）找出 A、B、C、D 转变点的气压、温度和体积值，并填入表1。

表1　　　　　　　　　　测量各种状态下压强、温度、体积数值

测量状态	P (　)	T (　)	V (　)
A			
B			
C			
D			

（3）记录 P-V 图。

教师签字_____

思考题

（1）导致动量变化量与测量出的冲量存在差别的原因有哪些？

（2）分析动力学小车在几类碰撞过程中，动量和冲量的关系及误差的大小。

（3）为什么小车的速度从碰撞前的正值变成了碰撞后的负值？

2.12.2 碰撞过程中冲量的研究

预习题

（1）碰撞的定义是什么？

（2）碰撞分为几类？不同碰撞过程中动量和动能如何变化？

（3）汽车的安全气囊、安全带的作用是什么？

（4）为什么小车的速度从碰撞前的正值变成了碰撞后的负值？

小车质量 m（kg）=_____

表1　　　　　　　　　　　测量碰撞过程中各物理量

序号	碰撞物（　　）				碰撞物（　　）			
	V_i(m/s)	V_f(m/s)	ΔP[(kg·m)/s]	I[(kg·m)/s]	V_i(m/s)	V_f(m/s)	ΔP[(kg·m)/s]	I[(kg·m)/s]
1								
2								
3								
4								
5								
6								

教师签字_____

思考题

（1）简述胡克定律。

（2）是否可以在弹簧弹性限度内使用弹簧，随意拉升弹簧？

（3）实验完成后，需要对实验仪器进行整理，特别是对弹簧如何处理？

（4）砝码的保管要求是什么？

3.1　简谐振动与弹簧劲度系数的测量

预习题

（1）什么是单摆？单摆在什么情况下的运动可以看作是简谐振动？

（2）什么样的装置可以看作弹簧振子？弹簧振子的振动可以当作简谐振动吗？

（3）弹簧的劲度系数 K 与什么量有关？

（1）用新型焦利称测定弹簧劲度系数 K。

每次增加 0.5g 或者减少 0.5g 砝码，记录 m-y 关系，实验数据见表 1（杭州地区重力加速度取 g=9.793m/s^2）。根据表 1 数据，以 m 为 X 轴，y 为 Y 轴，绘制 y-m 曲线图。

表 1 y-m 关系数据

次数	砝码质量（g）	标尺读数 y（mm）			逐差值（mm）	
		增砝码	减砝码	平均		
1	0.5				$\Delta y_1 = \lvert y_6 - y_1 \rvert$	
2	1.0				$\Delta y_2 = \lvert y_7 - y_2 \rvert$	
3	1.5				$\Delta y_3 = \lvert y_8 - y_3 \rvert$	
4	2.0				$\Delta y_4 = \lvert y_9 - y_4 \rvert$	
5	2.5				$\Delta y_5 = \lvert y_{10} - y_5 \rvert$	
6	3.0				$\overline{\Delta y}$	
7	3.5					
8	4.0					
9	4.5					
10	5.0					

（2）测量弹簧作简谐振动周期，计算弹簧的劲度系数。

表 2   简谐振动周期测量数据

次数	1	2	3	4	5	6
$60T$（s）						

教师签字_____

思考题

（1）有一个未标定的热电偶，能否直接测量温度？为什么？

（2）如何进行工作电流标准化？

（3）测量时为什么要估算并预置测量盘的电位差值？接线时为什么要特别注意电压极性是否正确？

（4）热电偶的定标曲线应如何做？怎样用热电偶的定标曲线来确定被测温度？

3.2　热电偶的标定和测温

预习题

（1）简述热电偶测温原理。

（2）如果在实验中热电偶冷端不放在冰水混合物中而直接处于室温中，对实验结果有什么影响？

（3）应用热电偶的电动势－温差关系图，如何确知待测温度？

表 1

改变温度测量温差电动势

温度 T（℃）	50.0	60.0	70.0	80.0	90.0	100.0	110.0	120.0	130.0	140.0
E_{x1}（mV）升温										
E_{x2}（mV）降温										
平均值 $\bar{E}_x$（mV）										

数据处理

（1）求 α 值。

（2）α 的理论值为 0.0436mV/℃，求测量结果的相对不确定度 E。

教师签字_____

思考题

（1）力值（电压值）在拉膜过程中如何变化？请分析原因。

（2）为什么测量表面张力时，动作要慢，又要防止仪器受到振动，特别是水膜将要破裂时？

（3）试比较水的表面张力系数和酒精的表面张力系数，哪个大？

（4）随着液体温度的升高，表面张力将会怎么变化？为什么？

3.3 液体表面张力系数的测定

预习题

（1）做完标定后在拉膜之前仪器还可以重新调零吗？

（2）定标和拉膜过程是否有顺序？可以先拉膜后定标吗？

（3）定标时，挂上砝码盘将仪器调零，然后依次把砝码放入砝码盘中，再依次取出，当把砝码都拿掉之后，仪器显示不为零对吗？

（4）如果加减砝码时砝码盘晃动，对测量结果有何影响？

（5）如果吊环的水平程度差，对测量结果有何影响？

（6）如果吊环上有油，对测量结果有何影响？

（7）简述如何利用拉脱法测量液体表面张力系数。

（8）实验中，如果有风，对测量结果有无影响？

数据记录

（1）传感器灵敏度的测量。

表1　　　　　　　　　　　　　　　传感器的标定

砝码（g）	0.500	1.000	1.500	2.000	2.500	3.000
电压（mV）						

经最小二乘法拟合得 $K=$ _____ mV/N（请在坐标纸上画图），拟合的线性相关系数

$r=$ _____。

（2）水表面张力系数的测量。

金属环外径 $D_1=$ _____cm，内径 $D_2=$ _____cm，水的温度 $t=$ _____℃。

表2　　　　　　　　　　测量水膜拉破前后的传感器读数

次数	U_1（mV）	U_2（mV）	ΔU（mV）	F（N）	α（N/m）
1					
2					
3					
4					
5					

平均值 $\overline{\alpha}=$ _____N/m。

数据处理

附：水的表面张力系数的标准值

水温 t（℃）	10	15	20	25	30
α（N/m）	0.07422	0.07322	0.07275	0.07197	0.07118

（1）根据霍耳系数与载流子浓度的关系，试回答：金属为何不宜制作霍耳元件？

（2）试判断，在其他条件一样时，温度提高，U_H 变大还是变小？由你判断的结果，设想霍耳元件还有什么用途？

（3）如果磁场 B 不垂直于霍耳片，对测量结果有何影响？如何由实验判断 B 与霍耳片是否垂直？

（4）能否用霍耳元件片测量交变磁场？I_s 可否用交流电源（不考虑表头情况）？为什么？

3.5　霍耳效应及其应用

预习题

（1）如何观察不等位效应？如何消除它？

（2）如何测定霍尔灵敏度？它和哪些因素有关？为提高霍尔元件的灵敏度你将采用什么方法？

（3）霍耳电压是怎样形成的？它的极性与磁场和电流方向（或载子浓度）有什么关系？

（4）怎样利用霍尔效应测定磁场？

测量 1

测绘 V_H–I_S 实验曲线数据记录表

$I_M = 0.600$ A

I_s(mA)	V_1(mV) +B, +I_S	V_2(mV) -B, +I_S	V_3(mV) -B, -I_S	V_4(mV) +B, -I_S	$V_H = \dfrac{V_1 - V_2 + V_3 - V_4}{4}$ (mV)
1.00					
1.50					
2.00					
2.50					
3.00					
3.50					
4.00					

测量 2

测绘 V_H–I_M 实验曲线数据记录表

$I_S = 3.00$ mA

I_M(A)	V_1(mV) +B, +I_S	V_2(mV) -B, +I_S	V_3(mV) -B, -I_S	V_4(mV) +B, -I_S	$V_H = \dfrac{V_1 - V_2 + V_3 - V_4}{4}$ (mV)
0.100					
0.200					
0.300					
0.400					
0.500					
0.600					

测量 3

实验中令 I_M=0，I_S=2.00 mA，请测量 V_{AC}（即 V_σ）的值。

教师签字_____

（1）两片偏振片用支架安置于光具座上，正交后消光，一片不动，另一片的两个表面转180°，会有什么现象？如有出射光，是什么原因？

（2）两片正交偏振片中间再插入一片偏振片会有什么现象？怎样解释？

3.9 偏振光的研究

预习题

（1）什么是偏振光？

（2）获得偏振光的方法有几种？

（3）什么是马吕斯定律？当以光线传播方向为轴转动检偏器时，透射光强将发生怎样的周期性变化？

（4）在什么情况下可得到线偏振光、圆偏振光、椭圆偏振光？

（5）什么是1/2波片？它的作用如何？

（6）什么是1/4波片？它的作用如何？

表1　　　　　　　　　　　　　　验证马吕斯定律

θ（°）		0	10	20	30	40	50	60
光强 I（lx）	1							
	2							
	3							
θ（°）		70	80	90	100	110	120	130
光强 I（lx）	1							
	2							
	3							
θ（°）		140	150	160	170	180		
光强 I（lx）	1							
	2							
	3							

以 $\cos^2\theta$ 为横坐标，I 为纵坐标作 I-$\cos^2\theta$ 关系曲线，由此验证马吕斯定律。

表2　　　　　　　　　　　　　　1/2 波片的作用

1/2 波片转角（°）		15	30	45	60	75	90
检偏器转角（°）	1						
	2						
	3						

表3　　　　　　　　　　　　　　1/4 波片的作用

1/4 波片转角（°）	15	30	45	60	75	90
光强最小值						
光的偏振状态						

教师签字_____

思考题

（1）牛顿环干涉图样有哪些特点？

（2）在本实验中遇到下列情况，对实验结果是否有影响？为什么？

1）牛顿环中心是亮斑而非暗斑。

2）测 D 时，叉丝交点没有通过环心，因而测量的是弦而不是直径。

3.10　用牛顿环测定透镜的曲率半径

预习题

（1）什么是牛顿环？产生牛顿环现象需要哪些条件？

（2）画出产生牛顿环现象的光路图。

（3）描述牛顿环现象的特点。

（4）实验中为何用暗条纹进行测量，而不用亮条纹？

（5）实验中为何测量牛顿环直径而不测量半径？

（6）什么是回程差？实验中如何避免？

（7）使用读数显微镜时应注意什么？

（8）什么是视差？实验中如何消除视差？

表1   测量牛顿环干涉条纹的直径

n	读数（mm）		直径 D_n(mm)	m	读数（mm）		直径 D_m(mm)	$D_m^2 - D_n^2$	$\Delta\left\|D_m^2 - D_n^2\right\|$
	左	右			左	右			
5				30					
0				35					
15				40					
20				45					
25				50					

$m-n=25$

$$\overline{D_m^2 - D_n^2} =$$

$$\overline{\Delta\left|D_m^2 - D_n^2\right|} = \frac{1}{5}\sum\left(D_m^2 - D_n^2\right) - \overline{\left(D_m^2 - D_n^2\right)} =$$

$$\overline{R} = \frac{\overline{D_m^2 - D_n^2}}{4(m-n)\lambda} =$$

$$\frac{\Delta R}{\overline{R}} = \frac{\overline{\Delta\left|D_m^2 - D_n^2\right|}}{\overline{D_m^2 - D_n^2}} =$$

$$\Delta R = \left(\frac{\Delta R}{\overline{R}}\right)\cdot\overline{R} =$$

$$R = \overline{R} \pm \Delta R =$$

回程差：$\Delta d =$

教师签字_____

思考题

（1）根据迈克尔逊干涉仪的光路，说明各光学元件的作用。

（2）简述调出等倾干涉条纹的条件及程序。

（3）什么是非定域干涉条纹？简述调出非定域干涉条纹的条件。

（4）实验中如何利用干涉条纹测出单色光的波长？计算一下 He-Ne 激光 632.8（nm），当 $N = 50$ 时，Δd 应为多大？

（5）什么是空程？测量中如何操作才能避免引入空程？

3.11　迈克尔逊干涉仪

预习题

（1）迈克尔逊干涉仪是怎样产生双光束的？

（2）迈克尔逊干涉仪为什么设计一块补偿板？

（3）M_1 的虚像呈现在哪个方向？迈克尔逊干涉仪是怎样调节两束光的光程差？

（4）d 增大时，两亮环（或两暗环）之间的间隔变大还是变小，条纹变粗变疏还是变细变密？

（5）粗动手轮转一圈（100 个小格），M_2 移动多少距离？微动手轮转一圈（100 个小格），粗动手轮转几格，M_2 移动多少距离？

（6）为什么由 M_1 和 M_2 反射至屏的两排光点一一重合，这时 M_1 和 M_2 大致互相垂直？

数据记录

逐差法处理：

表1　　　　　　　　　　　　　数据记录表　　　　　　　　　单位（　）

d_0	d_1	d_2	d_3	d_4
d_5	d_6	d_7	d_8	d_9

非逐差法处理：

表2　　　　　　　　　　　　　数据记录表　　　　　　　　　单位（　）

d_1	d_2	Δd

教师签字_____

思考题

（1）光栅衍射测量的条件是什么？

（2）在计算角度时，有时为什么要加 360°？

（3）测量衍射角时为什么要测量衍射光 ±1 级光线间的夹角，而不直接测量衍射角？

（4）刻度盘上为什么设置两个游标？

3.12　光栅衍射实验

预习题

（1）衍射光栅通常分为哪两种？

（2）画出单色光光栅衍射光谱示意图。

（3）实验中光栅应如何安放？

（4）什么是"三线合一"？

　1）光栅平面与入射光线垂直的标志是什么？

　2）光栅刻痕与仪器转轴或狭缝平行的标志是什么？

（5）如何消除偏心差？

📋 数据记录

测量单色光光栅衍射角。

表1   数据记录表

测量次数	1	2	3	4	5	6
$\theta_{2左}$						
$\theta_{2右}$						
$\theta_{1左}$						
$\theta_{1右}$						
$\theta'_{1左}$						
$\theta'_{1右}$						
$\theta'_{2左}$						
$\theta'_{2右}$						

👥 数据处理

教师签字_____

（1）夫琅禾费衍射应符合什么条件？本实验为何被认为是夫琅禾费衍射？

（2）单缝衍射的光强是怎么分布的？

（3）如果激光器输出的单色光照射在一根头发丝上，将会产生怎样的衍射图样？如何测量头发丝的直径？

（4）如果把单缝与屏之间的区域都浸没在水中，衍射图样将如何变化？

3.13　单缝衍射的光强分布

预习题

（1）单缝衍射有哪两种？两者有何区别？分别画出两种衍射的光路图。

（2）本实验中是如何实现夫琅禾费衍射的，对标准的夫琅禾费衍射作了哪些近似，为什么可以作这些近似？

（3）如何正确选择数字检流计的量程？使用中应该注意什么？

（4）如何测量衍射光的相对强度？

（5）什么是回程差？实验中应如何避免？

（6）分析实验中采用不同的激光器（分析波长和强度）对测量结果会有什么影响。

（7）实验室的背景光会对实验结果有影响吗？为什么？

单缝到光电池的距离 $D =$ ( )

表1   测量光强与位置的关系

读数 x' (mm)	检流计读数	读数 x' (mm)	检流计读数	读数 x' (mm)	检流计读数

教师签字_____

思考题

（1）如果两个质量不同的球有相同的动量，它们是否也具有相同的动能？如果不等，哪个动能大？

（2）找出本实验中，理论值和实验值不同的原因（除计算错误和操作不当原因外）。

（3）在质量相同的两球碰撞后，撞击球的运动状态与理论分析是否一致？这种现象说明了什么？

（4）如果不放被撞球，撞击球在摆动回来时能否达到原来的高度？这说明了什么？

（5）实验中，绳的张力对钢球是否做功？为什么？

（6）实验中，球体不用金属，用石蜡或软木怎样？为什么？

4.4.2　碰撞打靶

预习题

（1）分析单摆运动中的能量转化。

（2）分析一维水平弹性碰撞动量守恒的条件。

（3）已知平抛运动水平位移为 x，下落高度为 y，试求平抛的水平初速度 v_0。

（4）已知被撞球的初始高度为 y，碰撞后平抛运动的水平距离为 x，假设碰撞中没有能量损失，试求撞击球的下落高度 h（图 1）。

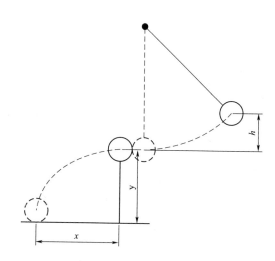

图 1　碰撞打靶实验原理图

（1）观察电磁铁电源切断时，单摆小球只受重力及空气阻力时的运动情况，观察两球碰撞前后的运动状态。测量两球碰撞的能量损失。

1）数据测量。

表1　　　　　　　　　　　　　　打靶前各参数测量值

球的质量 m（g）	球的直径 d（cm）	y（cm）	x（cm）	h_0 计算值（cm）

2）打靶记录。

表2　　　　　　　　　　　　　　各次打靶测量数据

h_0（cm）	打靶次数	中靶环数	击中位置 x_1（cm）	平均值 $\overline{X}$（cm）	修正值 Δh（cm）
	1				
	2				
	3				
h_1（cm）	打靶次数	中靶环数	击中位置 x_1（cm）	平均值 $\overline{X}$（cm）	修正值 Δh（cm）
	4				
	5				
	6				
	7				
	8				

3）结论：根据计算实验结果得到能击中十环靶心的 h 的最佳值为_____cm。本地区重力加速度为 $g = 9.80\text{m/s}^2$，碰撞过程中的总能量损失为

$$\Delta E = mg（h_0 - h_1） = （\qquad）\text{J}$$

（2）测量碰撞打靶中的 A 类不确定度。

现以 $h =$_____cm，$y =$_____cm 进行打靶。

表3　　　　　　　　在相同条件下，记录重复 10 次的测量结果

打靶次数	1	2	3	4	5	6	7	8	9	10
X 位置										

$$\overline{X} = \frac{1}{n}\sum_{i=1}^{n} x_i = \qquad , \quad U_A = \sqrt{\frac{\sum_{i=1}^{n}(x_i - \overline{x})^2}{n(n-1)}} =$$

得

$$X = \overline{X} \pm U_A =$$

教师签字_____

思考题

设计一个光学器件的黑盒子，提出设计思想，设计方案，画出光路图。

可选取的光学器件：凸透镜、凹透镜、光栅、滤波片、偏振片、三棱镜、半透半反透镜等。

4.4.3　黑盒子实验

预习题

（1）电感与电阻的判断方法有什么不同？

（2）电容器的特性是什么？电容的判断方法如何？

（3）二极管的特性是什么？如何判断二极管的正负极？

（4）三极管有几种类型？三极管管脚的判断方法与步骤是什么？

📋 数据记录

写出黑盒子上各对接线柱分别是什么元器件及其特性。

表1   黑盒子编号

👥 数据处理

教师签字_____

思考题

（1）夫兰克－赫兹实验是如何观测到原子能级变化的？

（2）夫兰克－赫兹实验曲线（以电压作为横坐标）反映了什么？

（3）夫兰克－赫兹实验用慢电子与稀薄气体原子碰撞的方法，可以使原子状态发生什么变化？

（4）夫兰克－赫兹实验直接证明了原子内能量的不连续性，从而证实了什么？

5.1　夫兰克－赫兹实验

预习题

（1）夫兰克－赫兹实验验证了什么？

（2）夫兰克－赫兹实验的实验原理是什么？

（3）夫兰克－赫兹实验的目的是什么？

（4）夫兰克－赫兹实验分为手动和自动两部分，其目的分别是什么？

（5）夫兰克－赫兹实验用慢电子与稀薄气体原子碰撞的方法，可以使原子状态发生什么变化？

数据记录

灯丝电压：_____ V   第一栅压：_____ V   拒斥电压 U_{G2A}：_____ V

表 1   测量第二栅压与电流的关系

教师签字_____

数据处理

（1）什么是阈频率？什么是截止电压？实验中如何确定截止电压值？

（2）反向电流、暗电流的来源是什么？

（3）如何由光电效应测定普朗克常数 h？

（4）从截止电压 U_s 与入射光频率 ν 的关系曲线，能否确定阴极材料的逸出功？

5.2　光电效应测普朗克常数

预习题

（1）简述光电效应的实验原理？画出实验原理图。

（2）说明光电子与光子的区别在哪里。

（3）简述高压汞灯、滤色片在实验中的用途。

（4）光电管为什么要装在暗盒中？为什么在非测量时，用遮光罩罩住光电管窗口？

（5）入射光的强度对光电流的大小有无影响？

（6）光电子的最大初动能与入射光频率有什么样的关系？与我们实验中测得的截止电压有何联系？

（7）实际测量中截止电压是如何确定的？

数据记录

表 1　　　　　　　　测量普朗克常数　　　　　　　$\Phi = 4mm$, $L = 400mm$

波长 λ（nm）	365.0	404.7	435.8	546.1	577.0
频率（10^{14}Hz）					
截止电压（手动）					

表 2　　　　　　测量光电管的伏安特性　　　　　$\Phi = 4mm$, $L = 400mm$, $\lambda = 365nm$

U_{AK}（V）	−2	0	4.0	8.0	12.0	16.0	20.0	24.0	28.0	30.0
I（10^{-10}A）										

表 3　　　　　　测量光阑与电流之间的关系　　　　$U_{AK} = 8V$, $L = 400mm$, $\lambda = 365nm$

Φ	2mm	4mm	8mm
I（10^{-10}A）			

数据处理

教师签字＿＿＿＿＿＿＿

思考题

（1）用动态法测量油滴所带电荷，当油滴匀速上升后，怎样使油滴静止下来？

（2）对选定的油滴进行测量时，为什么有时油滴会逐渐变模糊？

（3）如何判断油滴盒内平行极板是否水平？不水平对实验结果有何影响？

（4）用 CCD 成像系统观测油滴比直接从显微镜中观测有何优点？

5.3　密立根油滴 CCD 微机系统电子电荷的测定

预习题

（1）实验中，是否考虑空气的浮力？如何解决？

（2）选择油滴参照条件是什么？

（3）大而亮的油滴是否可以？为什么？

（4）过小的油滴是否可以？为什么？

（5）测定油滴所带电荷的方法有哪两种？

（6）简述平衡法测油滴所带电量方法。

（7）什么是斯托克斯定律？适用条件是什么？如何修正？

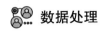 数据处理

表 1　　　　　　　　　　　　　　平衡测量法数据记录表

油滴序号	测量次数	平衡电压 U_n（V）	运动时间 t_g（s）	平均电压 U（V）	平均时间 t（s）	油滴电量 q（10^{-19}C）
1	1					
	2					
	3					
	4					
	5					
2	1					
	2					
	3					
	4					
	5					
3	1					
	2					
	3					
	4					
	5					

空气黏滞系数：＿＿＿＿＿＿＿＿＿＿＿＿＿＿＿＿

油的密度：＿＿＿＿＿＿＿＿＿＿＿＿＿＿＿＿

空气的密度：＿＿＿＿＿＿＿＿＿＿＿＿＿＿＿

平行极板距离：＿＿＿＿＿＿＿＿＿＿＿＿＿＿

重力加速度：＿＿＿＿＿＿＿＿＿＿＿＿＿＿＿

油滴匀速升降的距离：＿＿＿＿＿＿＿＿＿＿＿

修正常数：＿＿＿＿＿＿＿＿＿＿＿＿＿＿＿＿

大气压强：＿＿＿＿＿＿＿＿＿＿＿＿＿＿＿＿

教师签字＿＿＿＿＿＿＿＿

注意事项：

_____

_____

_____

_____

_____

误差分析与讨论：

_____

_____

_____

_____

_____

本实验体会（选做加分）：

_____

_____

_____

_____

_____

物 理 实 验 报 告

实验题目

班级		实验日期				
学号		实验成绩	预习	操作	报告	总评
姓名						

实验目的：

_____

_____

_____

实验仪器及用具：

_____

_____

实验原理：

_____

_____

_____

_____

实验内容及步骤：

注意事项：

_____

_____

_____

_____

_____

误差分析与讨论：

_____

_____

_____

_____

_____

_____

本实验体会（选做加分）：

_____

_____

_____

_____

_____

_____

物 理 实 验 报 告

实验题目

班级		实验日期				
学号		实验成绩	预习	操作	报告	总评
姓名						

实验目的：

_____

_____

_____

_____

实验仪器及用具：

_____

_____

_____

实验原理：

_____

_____

_____

_____

实验内容及步骤:

注意事项：

_____

_____

_____

_____

误差分析与讨论：

_____

_____

_____

_____

_____

本实验体会（选做加分）：

_____

_____

_____

_____

_____

物 理 实 验 报 告

实验题目

班级		实验日期				
学号		实验成绩	预习	操作	报告	总评
姓名						

实验目的：

_____

_____

_____

_____

实验仪器及用具：

_____

_____

_____

实验原理：

_____

_____

_____

_____

_____

_____

实验内容及步骤:

注意事项：

_____

_____

误差分析与讨论：

_____

_____

_____

_____

_____

_____

本实验体会（选做加分）：

_____

_____

_____

_____

_____

物 理 实 验 报 告

实验题目 _____

班级		实验日期				
学号		实验成绩	预习	操作	报告	总评
姓名						

实验目的：

_____

_____

_____

实验仪器及用具：

_____

_____

实验原理：

_____

_____

_____

_____

实验内容及步骤：

实验内容及步骤：

注意事项：

_____

_____

_____

_____

误差分析与讨论：

_____

_____

_____

_____

_____

_____

本实验体会（选做加分）：

_____

_____

_____

_____

物 理 实 验 报 告

实验题目

班级		实验日期				
学号		实验成绩	预习	操作	报告	总评
姓名						

实验目的：

_____

_____

_____

_____

实验仪器及用具：

_____

_____

实验原理：

_____

_____

_____

_____

实验内容及步骤：

注意事项：

_____

_____

总评	

_____

误差分析与讨论：

_____

_____

_____

_____

_____

本实验体会（选做加分）：

_____

_____

_____

_____

_____

物 理 实 验 报 告

实验题目

班级		实验日期					
学号		实验成绩		预习	操作	报告	总评
姓名							

实验目的：

_____

_____

_____

实验仪器及用具：

_____

_____

实验原理：

_____

_____

_____

_____

实验内容及步骤：

注意事项：

_____

_____

_____

_____

误差分析与讨论：

_____

_____

_____

_____

_____

本实验体会（选做加分）：

_____

_____

_____

_____

_____

物 理 实 验 报 告

实验题目

班级		实验日期				
学号		实验成绩	预习	操作	报告	总评
姓名						

实验目的：

_____

_____

_____

_____

实验仪器及用具：

_____

_____

实验原理：

_____

_____

_____

_____

实验内容及步骤：

注意事项：

_____

_____

_____

_____

_____

误差分析与讨论：

_____

_____

_____

_____

_____

本实验体会（选做加分）：

_____

_____

_____

_____

_____

物 理 实 验 报 告

实验题目

班级		实验日期				
学号		实验成绩	预习	操作	报告	总评
姓名						

实验目的：

_____

_____

_____

_____

实验仪器及用具：

_____

_____

实验原理：

_____

_____

_____

_____

实验内容及步骤：

注意事项：

_____

_____

_____

_____

_____

误差分析与讨论：

_____

_____

_____

_____

_____

本实验体会（选做加分）：

_____

_____

_____

_____

_____

物 理 实 验 报 告

实验题目

班级		实验日期				
学号		实验成绩	预习	操作	报告	总评
姓名						

实验目的：

_____

_____

_____

_____

实验仪器及用具：

_____

_____

_____

实验原理：

_____

_____

_____

_____

_____

实验内容及步骤：

注意事项：

_____

_____

_____

_____

_____

误差分析与讨论：

_____

_____

_____

_____

_____

_____

本实验体会（选做加分）：

_____

_____

_____

_____

_____

_____

物 理 实 验 报 告

实验题目

班级		实验日期				
学号		实验成绩	预习	操作	报告	总评
姓名						

实验目的：

_____

_____

_____

_____

_____

实验仪器及用具：

_____

_____

实验原理：

_____

_____

_____

_____

_____

实验内容及步骤：

注意事项：

_____

_____

_____

总评

误差分析与讨论：

_____

_____

_____

_____

_____

本实验体会（选做加分）：

_____

_____

_____

_____

_____

物 理 实 验 报 告

实验题目 _____

班级		实验日期				
学号		实验成绩	预习	操作	报告	总评
姓名						

实验目的：

_____

_____

_____

_____

实验仪器及用具：

_____

_____

_____

_____

实验原理：

_____

_____

_____

_____

实验内容及步骤:

注意事项：

_____

_____

_____

总评	

误差分析与讨论：

_____

_____

_____

_____

_____

本实验体会（选做加分）：

_____

_____

_____

_____

物 理 实 验 报 告

实验题目 _____

班级		实验日期				
学号		实验成绩	预习	操作	报告	总评
姓名						

实验目的：

_____

_____

_____

实验仪器及用具：

_____

_____

本实验原理：

实验原理：

_____

_____

_____

_____

实验内容及步骤：

注意事项：

_____

_____

_____

_____

误差分析与讨论：

_____

_____

_____

_____

_____

本实验体会（选做加分）：

_____

_____

_____

_____

_____

物 理 实 验 报 告

实验题目

班级		实验日期				
学号		实验成绩	预习	操作	报告	总评
姓名						

实验目的：

_____

_____

_____

_____

实验仪器及用具：

_____

_____

实验原理：

_____

_____

_____

_____

实验内容及步骤：

注意事项：

_____

_____

_____

_____

_____

误差分析与讨论：

_____

_____

_____

_____

_____

_____

本实验体会（选做加分）：

_____

_____

_____

_____

_____

_____

物 理 实 验 报 告

实验题目

班级		实验日期				
学号		实验成绩	预习	操作	报告	总评
姓名						

实验目的：

_____

_____

_____

_____

实验仪器及用具：

_____

_____

实验原理：

_____

_____

_____

_____

_____

实验内容及步骤：

注意事项：

_____

_____

_____

总评	

误差分析与讨论：

_____

_____

_____

_____

_____

_____

_____

本实验体会（选做加分）：

_____

_____

_____

_____

_____

物 理 实 验 报 告

实验题目 _____

班级		实验日期				
学号		实验成绩	预习	操作	报告	总评
姓名						

实验目的：

_____

_____

_____

_____

实验仪器及用具：

_____

_____

实验原理：

_____

_____

_____

_____

_____

实验内容及步骤：

注意事项：

_____

_____

_____

_____

误差分析与讨论：

_____

_____

_____

_____

_____

_____

本实验体会（选做加分）：

_____

_____

_____

_____

_____

物 理 实 验 报 告

实验题目

班级		实验日期				
学号		实验成绩	预习	操作	报告	总评
姓名						

实验目的：

_____

_____

_____

_____

实验仪器及用具：

_____

_____

实验原理：

_____

_____

_____

_____

实验内容及步骤：